# OBSERVATIONS

## *ADRESSÉES*

## A Mrs LES COMMISSAIRES

### DE LA SOCIÉTÉ ROYALE

### DE MÉDECINE,

#### *NOMMÉS PAR LE ROI*

### POUR FAIRE L'EXAMEN

## DU MAGNÉTISME ANIMAL.

*Sur la maniere dont ils y ont procédé, & sur le rapport qu'ils en ont fait.*

### PAR UN MÉDECIN DE P**.

*Pour servir de suite à celles qui ont été adressées sur le même objet à MM. les Commissaires tirés de la Faculté de Médecine, & de l'Académie Royale des Sciences de Paris.*

## A LONDRES;

*Et se trouve A PARIS,*

Chez ROYEZ, Libraire, Quai des Augustins, le premier à la descente du Pont-Neuf; Et chez tous les Marchands de Nouveautés.

## M. DCC. LXXXIV.

(1)

# OBSERVATIONS

Adressées à Messieurs les Commissaires de la Société Royale de Médecine, nommés par le Roi pour faire l'examen du *Magnétisme Animal*.

*Sur la manière dont ils ont procédé, & sur le rapport qu'ils en ont fait.*

## PAR UN MÉDECIN DE P**.

*Pour servir de suite à celles qui ont été adressées sur le même objet à MM. les Commissaires tirés de la Faculté de Médecine & de l'Académie Royale des Sciences de Paris.*

### MESSIEURS,

Vous avez eu sans doute de fort bonnes raisons pour ne pas unir votre travail à celui de Messieurs vos Confreres de la Faculté, & à celui de Messieurs les Membres de l'Académie des Sciences, nommés, ainsi que vous, par S. M.

A

pour examiner le Magnétifme animal. Je ne cher_
che point à les deviner ; mais je comprends,
qu'ayant travaillé féparément, vous avez dû faire
auffi un rapport féparé. Il n'y a qu'à gagner pour
le Public qui doit avoir d'autant plus de confiance
dans le jugement que vous avez porté les uns &
les autres de ce phénomène, que fans vous être
concertés, & en fuivant même des routes affez
différentes, vous êtes parvenus au même but,
c'eft-à-dire, aux mêmes conclufions fur l'objet
de votre examen.

On a cependant pris la liberté de faire quelques
obfervations à Meffieurs vos Confreres les Commiffaires, fur la maniere dont ils y ont procédé :
permettez-moi de vous en faire auffi quelques-
unes, quoique votre méthode n'ait pas été tout-
à-fait la même.

Elles feront beaucoup plus courtes que les
premieres, parce que je pafferai légèrement fur
les défauts qui m'ont paru communs à vos deux
examens & à vos deux rapports. Je m'étendrai
feulement un peu fur ceux qui vous font particuliers.

Je ne vous dirai donc rien, Meffieurs, fur ce
que, comme eux, vous vous êtes adreffés à
M. Deflon, au lieu de vous adreffer à M. Mefmer, pour vous inftruire.

Je ne vous dirai rien non plus fur ce que, comme eux, vous n'avez pas crû qu'un examen bien fait, bien fuivi des effets curatifs attribués au Magnétifme animal, fût néceffaire pour en juger. Ce n'eft pas que, comme à eux & par le même principe, il vous ait paru tout-à-fait inutile. Vous paroiffez avoir eu au moins quelques foupçons de fes avantages, puifque vous reconnoiffez avoir confié le traitement de quelques malades à M. Deflon dans cette vue. Mais ayant obfervé que de la maniere dont vous vous y étiez pris pour faire ces expériences, vous n'en pouviez retirer aucunes lumieres ; vous avez regardé comme non avenues celles que vous aviez tentées, fans croire néceffaire d'en faire de nouvelles plus capables de vous en fournir.

Je penfe bien, comme vous, qu'en fuivant cette méthode, vos expériences ne pouvoient pas vous éclairer beaucoup ; mais je ne puis goûter la raifon que vous en donnez en difant ( page 34 ) que, pour être affuré de l'utilité du Magnétifme Animal dans le traitement des maladies, il faudroit avoir une *certitude phyfique, que les perfonnes, traitees par le Magnétifme Animal, n'ont fait ufage que de ce feul remede.* Il me femble qu'en employant, avec le Magnétifme Animal, tous les autres remedes d'ufage, on fe-

A 2

roit encore très-assuré de son utilité, s'il étoit constaté, par un grand nombre de traitemens, que les maladies, où on l'auroit employé avec ces remedes, ont guéri en plus grand nombre, & plus promptement que celles où l'on ne se seroit servi que des remedes ordinaires.

Ainsi, Messieurs, on est en droit de vous reprocher les deux omissions que j'ai pris la liberté de reprocher à Messieurs vos confreres les Commissaires.

Je crois pouvoir vous reprocher encore, comme à ces Messieurs, de n'avoir pas assez suivi le traitement général de M. Deslon, d'y avoir assisté trop rarement pour y acquérir les lumieres qu'il pouvoit vous présenter. Vous n'annoncez pas, à la vérité, comme eux, vous être conduits ainsi par principes ; mais il est bien évident, par toutes les inexactitudes du tableau que vous en faites, que vous n'y avez pas été beaucoup plus assidus qu'eux. Je vais vous en exposer quelques unes.

1°. Vous dites qu'*à la base des tringles sont attachées de longues cordes à-peu-près de la même grosseur que les tringles*, & que les malades, qui environnent le baquet, font plusieurs circonvolutions *de la corde attachée à la tringle* qu'ils ont choisie, autour des parties qu'ils croient ma-

( 5 )

Permettez-moi de vous le dire, Messieurs, cela n'est point ainsi ; la corde, dont les malades entourent la partie qu'ils croient le siege du mal, n'est point attachée à la base des tringles ; cela est même impossible, parce qu'elles ont toutes leurs bases au fond du baquet dans lequel elles entrent par un trou qui n'a que la largeur nécessaire pour leur permettre d'y entrer.

Il n'est pas vrai non plus que chaque malade ait sa corde, comme il a sa tringle. Il n'y a qu'une seule & même corde très-longue pour tous les malades d'une salle. Chacun s'en adapte une portion où il juge convenable, & cela doit être ainsi. L'unité de la corde est nécessaire pour que les malades puissent, par le moyen de ce conducteur, se magnétiser mutuellement : car, suivant les principes de M. Mesmer, dont il sembleroit, Messieurs, que vous n'êtes pas fort instruits, nous avons tous notre fluide magnétique dont nous sommes entierement pénétrés, ainsi que tous les autres corps de la nature, & nous nous le communiquons mutuellement, soit par le contact immédiat, soit par les regards, soit par les conducteurs comme cette corde, soit seulement en nous approchant les uns des autres, & bien plus encore par les procédés du Magnétisme Animal.

A 3

2°. Vous dites, Messieurs, « qu'on tient fer-
» mées les portes & les fenêtres du lieu où l'on
» magnétise ; que des rideaux ne laissent péné-
» trer qu'une lumiere douce & foible, qu'on
» observe le silence dans la piece, ou qu'on n'y
» parle qu'à demi voix, & qu'on recommande
» d'y éviter le bruit & le tumulte ; qu'en con-
» séquence l'atmosphere s'y échauffe, qu'on y
» respire un air pesant & altéré ... que le spec-
» tacle, qu'on y a sous les yeux, est en général
» celui de personnes qui souffrent, & dont
» l'extérieur est triste ; qu'on n'est distrait de ce
» tableau, que par les manipulations qu'exécu-
» tent ceux qui magnétisent, ou par l'agitation
» & les mouvemens des magnétisés qui tom-
» bent en convulsions ; enfin que le calme qui
» y regne n'est interrompu que par des bâille-
» mens, des soupirs, des sanglots, des plaintes,
» quelquefois des cris, & par les différentes ex-
» pressions de l'ennui & de la douleur ».

Que cette peinture est peu ressemblante ! J'ai
vu ce spectacle pendant un mois de suite, &
presque tous les jours deux fois pendant plusieurs
heures, & je ne l'ai point vu tel que vous le
présentez. Comme il faisoit chaud, c'étoit pendant le mois de Mai dernier, j'ai presque tou-
jours vu une partie des fenêtres ouvertes. De

légers rideaux d'une mousseline claire , qui ne montoient que vers le milieu ou les deux tiers des croisées , n'étoient fermés que pour garantir du soleil, ou pour empêcher les domestiques qui étoient dans la premiere cour , de voir ce qui se passoit dans la salle. Ainsi la lumiere étoit peu affoiblie , pour ne pas dire qu'elle ne l'étoit point du tout. On ne faisoit ni bruit ni tumulte , mais on causoit librement du ton que l'on prend dans les cercles de gens polis. La chaleur qu'on y éprouvoit , l'air qu'on y respiroit n'étoient pas plus capables d'incommoder que dans les assemblées ordinaires des sociétés particulieres. Les crises n'y faisoient point spectacle , la plupart des malades n'avoient point l'air triste. On voyoit plutôt sur leur visage cette sérénité , ce contentement qu'inspire l'espérance de la guérison , sentiment que vous avez sans doute observé , puisque c'est une des causes auxquelles vous attribuez vous-mêmes ( page 36 ) , du moins en partie , les bons effets apparents du Magnétisme Animal.

3°. En parlant des procédés du Magnétisme Animal, vous dites encore, Messieurs, (p. 13) que lorsqu'on magnétise par contact , on applique les mains sur les hypocondres *en dirigeant l'extrémité des pouces vers l'ombilic.* Je vous demande pardon : c'eſt ordinairement vers le creux de l'eſtomach.

4°. Outre ces inexactitudes étonnantes, vous avez oublié dans votre tableau un des traits les plus importans : vous n'avez pas parlé de la chaîne que font de temps en temps tous les malades qui ſont autour du baquet, en ſe tenant par le pouce & l'index ; moyen bien plus efficace de ſe magnétiſer mutuellement, que la corde ou le baquet, que je regarde comme le moindre de tous.

Je n'en dirai pas davantage ſur vos inexactitudes ; cela deviendroit ennuyeux : j'en ai dit aſſez pour prouver qu'ainſi que Meſſieurs vos Confreres, vous n'avez fait qu'un examen bien léger & bien ſuperficiel du traitement général de M. Deſlon.

Il paroît pourtant que le haſard vous a mieux ſervi qu'eux. Vous convenez avoir vu pluſieurs de ces faits qui ne paroiſſent pas pouvoir s'expliquer par les trois agens auxquels vous attribuez, comme eux, la plus grande partie de ce qu'on y voit. Mais il eſt fort ſurprenant que vous *n'ayez pas cru*, comme vous le dites, (page 21) *y devoir fixer* votre attention, parce que ce ſont *des cas rares, inſolites, extraordinaires, qui paroiſſent contredire toutes les loix de la Phyſique. Des* faits, quoique rares, infolites, extraordinaires, quoique paroiffant contredire toutes les loix de la Phyfique, s'ils font certains, comme on n'en peut douter, lorfqu'on les a vus, & qu'on les a vus comme vous avec des préventions contraires, peuvent mériter l'attention des Sages. Ils la méritent pour cela même, & on en peut tirer des conféquences raifonnables.

Vous n'avez pas pofé, comme Meffieurs vos Confreres, le principe faux & dangereux de l'incertitude de la caufe de toute guérifon ; mais celui que vous préfentez ici, ou du moins que vous fuppofez, ne l'eft pas moins. Les guérifons opérées par Jefus-Chrift & par les Apôtres, étoient affurément des cas rares, infolites, extraordinaires ; ils paroiffoient contredire toutes les loix de la Phyfique. Auroit-il été fage de n'y pas fixer fon attention, & de n'en tirer aucune conféquence ?

Voilà, comme vous voyez, Meffieurs, bien des défauts dans votre examen & dans votre rapport, qui vous font communs avec Meffieurs vos Confreres les Commiffaires. Après vous avoir fait un petit compliment fur ce que, au lieu de vous amufer comme eux à faire un affez grand nombre d'expériences inutiles, vous n'en citez que quatre deftinées à prouver le pou-

voir de l'imagination, qu'on ne contefte pas, & dont par conféquent vous pouviez auffi vous difpenfer, je paffe à ceux qui vous font particuliers. J'en pourrois relever plufieurs : pour abréger, je me bornerai à un; mais il eft bien grand, c'eft la définition que vous donnez du Magnétifme Animal. « Ce qu'on appelle Ma-
» gnétifme Animal, dites-vous (page 20), ré-
» duit à fa valeur par l'examen & l'analyfe des
» faits & des circonftances, n'eft donc que l'art
» de difpofer les fujets fenfibles par des caufes
» acceffoires & concomitantes appréciées dans
» ce rapport, à des mouvemens convulfifs, &
» d'exciter ces mouvemens dans ces fujets par
» une caufe déterminante ».

Il n'eft pas furprenant, Meffieurs, qu'après avoir examiné fi légèrement les faits, après vous en être formé une idée fi peu jufte, vous ayez tiré du tableau infidele que vous vous en êtes formé, une définition auffi fauffe du Magnétifme Animal, qu'elle eft différente de celle que vous en a donnée M. Deffon. *C'eft, dit-il, (page 2), l'action qu'exerce un homme fur un autre homme, foit par le contact immédiat, foit à une certaine diftance, par la fimple direction du doigt, ou d'un conducteur quelconque.* Eft-il queftion ici de convulfions ?

Non, Messieurs, le Magnétisme Animal n'est point l'art de donner des convulsions. Jamais M. Mesmer n'en a eu cette idée. Je crois bien avec vous qu'on peut effectivement, par les moyens & dans les circonstances que vous indiquez, exciter des mouvemens convulsifs ; mais ce n'est point ce que se proposent les gens vraiment instruits du Magnétisme Animal : ses vrais principes ne conduisent point à desirer d'en donner. Ce but a pu être quelquefois celui de certains disciples peu intelligens de M. Mesmer ; car il y en a de tels. Ne voyant rien de plus frappant dans le phénomène du Magnétisme Animal que les convulsions, ils ont cru aussi qu'il n'y avoit rien de plus beau ; & on en a vu qui étoient si glorieux d'en pouvoir exciter, que pour faire preuve de leur habileté, ils en ont donné le spectacle dans des cercles aux dépens de jeunes personnes qu'ils savoient très-sensibles ou très-imaginatives, les ayant éprouvées telles au traitement commun. Mais attribuer de pareilles absurdités ou à M. Mesmer, ou à M. Deslon, c'est leur faire injustice.

Il n'est pas possible que ces Docteurs pensent que des mouvemens violens des bras, des jambes, de la tête, de tout le corps, que des cris, des pleurs, des ris insensés, des assoupisfemens, des accès de folie, puiffent être des moyens de guérir les obftructions du foie & de la ratte; mais ils croient que, pour débarraffer ces parties des liqueurs épaiffies qui les obftruent, il faut augmenter les ofcillations des petits vaif-feaux où elles font en ftation; que pour cela il faut augmenter l'action de leurs nerfs, & qu'on produit cet effet en y accumulant, par certains procédés, le fluide fubtil qui eft le principe de leur action.

Voilà la vraie doctrine de M. Mefmer, & je fuis bien fûr qu'il ne me dédira pas. Je ne l'ai pas prife à fes cours où je n'ai pas affifté; mais je l'ai puifée dans fes ouvrages imprimés où vous auriez pu les trouver également, fi vous les euf-fiez médités comme moi. Voilà véritablement ce qu'il fe propofe dans l'ufage du Magnétifme Animal, & non de donner des convulfions.

Il eft vrai que malheureufement, par un effet de la liaifon & de la fympathie établie entre nos nerfs, il arrive affez fouvent que certaines per-fonnes, qui les ont très-fenfibles & fort agiles, éprouvent des mouvemens convulfifs, qui font un effet accidentel de l'ébranlement occafionné par le Magnétifme Animal dans ceux dont il faut augmenter l'action, pour procurer la réfo-lution de l'obftruction; mais ce Docteur ne re-

garde point ces mouvemens comme utiles ;
comme un bien. Il les regarde plutôt comme un
mal qu'il defireroit pouvoir éviter, mais qu'il
ne croit pas cependant affez dangereux pour s'en-
gager à s'abftenir du remede. Voilà fûrement
quelles font fes idées : combien ne font-elles pas
différentes de celles que vous lui prêtez !

Ce n'eft certainement pas M. Deflon qui
vous les a infpirées. Si vous les teniez de lui,
M. Mefmer auroit les plus juftes raifons de
rabaiffer, comme il fait, fes connoiffances en
Magnétifme Animal : mais je connois trop fa
maniere de penfer, & fes lumieres fur cet objet, pour avoir le moindre foupçon que vos
idées viennent de lui. C'eft parce que vous n'a-
vez pas médité les principes de M. Mefmer, &
que vous n'avez pas affez bien vû ce que vous avez
vû chez M. Deflon, que vous vous les êtes for-
gées vous-mêmes. Si vous aviez fait chez M.
Mefmer un examen auffi fuperficiel que celui
que vous avez fait chez M. Deflon, vous n'auriez pas acquis plus de lumieres, & votre rapport ne feroit pas meilleur quoique plus capable de faire autorité.

Je fuis bien mortifié, Meffieurs, au-lieu des
louanges que je defirois vous donner, de ne
pouvoir vous préfenter qu'une critique. Mais

je comptois être éclairé, je ne le suis point. Je n'ai pû m'empêcher de vous expoſer, ainſi qu'à Meſſieurs les autres Commiſſaires, les raiſons qui me forcent de demeurer dans le doute. Si M. Meſmer par un grand nombre de faits ſinguliers, & par des prétentions plus ſingulieres encore, n'eût pas attiré l'attention de bien des gens raiſonnables, & même du Gouvernement, on pourroit par proviſion demeurer tranquille dans ſa poſſeſſion ; mais dans la poſition actuelle, il n'eſt pas poſſible de reſter dans l'indifférence. Les Médecins ſur-tout ſe doivent à eux mêmes, & doivent au Public de ne rien négliger pour ſe procurer des lumieres ſûres. Nous avions droit de les attendre de vous. Malheureuſement vous n'avez pas pris les moyens propres à nous procurer cet avantage. Vous ne pouvez donc trouver mauvais que nous vous expoſions les difficultés qui nous arrêtent encore. L'expérience propoſée par l'Auteur de l'Examen ſérieux & impartial peut ſeul les lever.

Ce moyen ne fera pas connoître, à la vérité, s'il exiſte un fluide tel que l'annonce M. Meſmer ; ſi ce fluide eſt répandu dans tout l'Univers, ſi nous en ſommes pénétrés, s'il eſt le principe de l'action de nos nerfs ; ſi, par certains

( 15 )

procédés, on peut augmenter son action sur une partie, en l'y accumulant, en l'y concentrant, ou en lui donnant une plus forte impulsion vers cette partie. Mais il apprendra si les procédés, que M. Mesmer appelle les procédés du Magnétisme Animal, sont utiles pour la guérison des maladies, dans quelles maladies ils peuvent l'être, de quelle maniere il faut les employer dans les différents cas, jusqu'où s'étend leur utilité, si l'on doit éviter d'en faire usage pour ceux à qui ils paroissent donner des convulsions. Voilà au fond tout ce qu'il importe de savoir sur cet objet, comme il suffit de savoir si le tartre stibié fait vomir, en quel cas & à quelle dose il faut l'employer: & toute la question peut se réduire là.

Si ces faits sont démentis par l'expérience, il sera inutile d'aller plus loin, & tout le monde sera désabusé. Si, au contraire, l'expérience les constate, on profitera de cette découverte pour le soulagement des malades. A l'égard des explications, chacun en donnera comme il voudra ou comme il pourra. On admettra le système de M. Mesmer. Peu importe, on aura l'essentiel & l'utile.

Mais je le répete, l'expérience proposée par cet Auteur est seule capable de donner les lumieres que l'on desire. Celle de deux douzaines

de malades, propoſée par M. Meſmer pour n'avoir
lieu qu'une ſeule fois, ne conduiroit à rien de
certain. Il faut quarante malades dans chaque
ſalle deſtinée aux maladies aigues, que le travail dure une année, & qu'à meſure qu'il ſor-
tira d'une ſalle un malade guéri, il ſoit remplacé
par un autre. Si l'on veut eſſayer le nouveau
moyen de guériſon pour les maladies chroniques,
il faut employer la même méthode.

Des relations de maladies, fuſſent-elles faites
par des Médecins ou par des gens de qualité, ne
peuvent tenir lieu que dans des cas peu communs.
On a beſoin de voir d'une maniere ſuivie les malades & leur traitement, lorſqu'il s'agit de déter-
miner d'une maniere certaine la véritable cauſe
des guériſons. M. Meſmer s'eſt étrangement trom-
pé, lorſque, dans ſon précis hiſtorique, il a com-
paré ſes faits de maladies aux faits ordinaires, pour
me ſervir de ſa comparaiſon. Tout le monde a
des yeux pour voir forcer un cofre, ou aſſaſſiner un
homme. Bien des Médecins n'ont pas ceux qu'il
faut avoir pour obſerver une maladie. Quand, par
le mépris que ce Docteur paroît faire de la Médecine ancienne & moderne, & par les principes
extravagants ſur une ſeule maladie & un ſeul remede; on ne ſeroit pas aſſuré qu'il ne connoît
pas notre art, du moins en Praticien ; cette pi-
toyable

toyable comparaifon fuffiroit pour le prouver aux yeux de tous les vrais Médecins.

*P. S.* J'apprends, Meffieurs, que votre compagnie, a fait à votre ouvrage le même accueil que celui dont la Faculté a honoré le rapport de Meffieurs les autres Commiffaires. Je n'en fuis pas étonné. Elle étoit auffi inftruite. Fera-t-elle auffi figner un Formulaire? J'ai peine à le croire. Elle a d'autres Membres que des Médecins. Mais je fuis curieux de favoir, fi, en renonçant au Magnétifme Animal, on renonce, non-feulement à fa théorie, mais encore à fes procédés, comme aux attouchemens, aux preffions légeres, aux frictions douces, en général à la Médecine d'imagination. Je préfume qu'on fera une diftinction. On renoncera à fes pratiques en tant qu'elles font partie des procédés de M. Mefmer, & qu'on fe propoferoit, en les employant, d'accumuler, de concentrer le fluide magnétique dans une partie, ou d'augmenter fon impulfion vers elle; & on les confervera en tant qu'elles font partie des moyens de guérir, que nous avons reçus de nos Ancêtres. Ainfi, la fidélité à la promeffe qu'on fera, fera l'affaire d'une direction d'intention.

J'ai l'honneur d'être, &c. ce 7 Septembre.